太空教师天文课

空间天文

"学习强国" 学习平台　组编

科学普及出版社

·北　京·

编 委 会

支持单位

（按汉语拼音排序）

国家航天局

南京大学

中国科学院国家天文台

中国科学院紫金山天文台

序

习近平总书记高度重视航天事业发展，指出"航天梦是强国梦的重要组成部分"。在以习近平同志为核心的党中央坚强领导下，广大航天领域工作者勇攀科技高峰，一批批重大工程成就举世瞩目，我国航天科技实现跨越式发展，航天强国建设迈出坚实步伐，航天人才队伍不断壮大。

欣闻"学习强国"学习平台携手科学普及出版社，联合打造了航天强国主题下兼具科普性、趣味性的青少年读物《学习强国太空教师天文课》，以此套书展现我国航天强国建设历程及人类太空探索历程，用绘本的形式全景呈现我国在太空探索中取得的历史性成就，普及航天知识，不仅能让青少年认识了解我国丰硕的航天科技成果、重大科学发现及重大基础理论突破，还能激发他们的兴趣，点燃他们心中科学的火种，助力青少年的科学启蒙。

　　这套书在立足权威科普信息的基础上，充分考虑到青少年的阅读习惯，用贴近青少年认知水平的方式普及知识，内容涉及天文、历史、物理、地理等多领域学科，融思想性、科学性、知识性、趣味性为一体，是一套普及科学技术知识、弘扬科学精神、传播科学思想、倡导科学方法的青少年科普佳作。

　　我衷心期盼这套书能引领青少年走近航天领域，从小树立远大志向，勇担航天强国使命，将中国航天精神代代相传。

中国探月工程总设计师

中国工程院院士

2024 年 3 月

天文观测的历史可以追溯到文明诞生初期。
伴随着科技的发展，除了借助地面观测设施，
科学家还借助宇宙飞船、人造卫星、火箭、气球等
空间飞行器，将观测仪器放在外层大气或外太空，

空间天文学由此诞生。

让我们跟随"太空教师"王亚平的脚步，开启探索之旅吧！

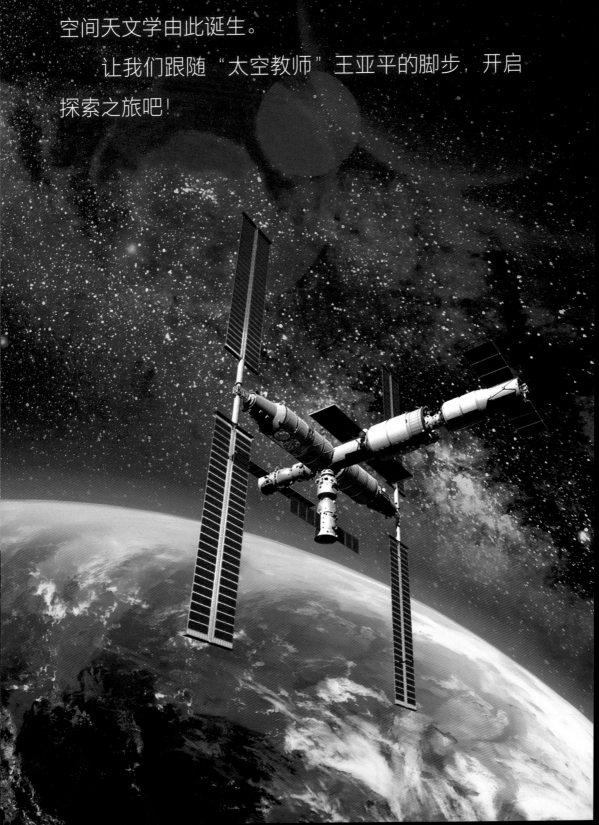

目 录

01

飞出地球看太空

扫码观看在线课程

空间天文研究始于 20 世纪 40 年代。

1946 年，美国天文学家莱曼·斯皮策首先提出在近地轨道上设置天文台的想法。

科学家档案

姓　　名▶莱曼·斯皮策。

生 卒 年▶1914—1997 年。

职　　业▶美国理论物理学家、天文学家。

人物简介▶他是太空望远镜概念的提出者、仿星器的发明人。

> 什么是空间天文学呢？

公布答案啦!

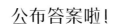

空间天文学指借助宇宙飞船、人造卫星、火箭和气球等空间飞行器,在高层大气和大气外层空间进行天文观测和研究的一门学科。20世纪40年代以前,天文观测的唯一手段是光学观测。20世纪40年代后,随着无线电技术的发展,产生了射电天文学。

随后的数十年间，随着观测仪器灵敏度和分辨率的提高，以及卫星姿态控制技术和数据传输能力的发展，人们对天体的观测从近地逐渐扩展到太阳系、银河系，以及银河系外的天体目标。观测波段也从传统的可见光波段逐步扩展到更短和更长的波段。

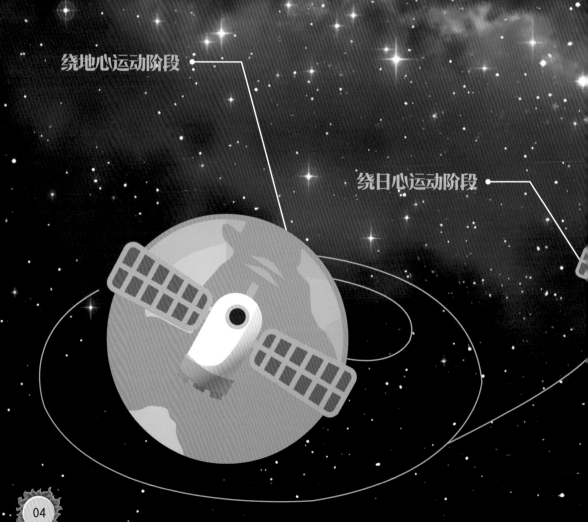

绕地心运动阶段

绕日心运动阶段

 **空间探测使用的工具主要是什么？**

气球：飞行高度低。

火箭：速度很快。

宇宙飞船：探测太阳系各天体的有效工具。

人造卫星：研究遥远的宇宙空间。

绕行星质心运动阶段

　　行星探测器轨道依受力情况分为三个阶段：绕地心运动阶段、绕日心运动阶段和绕行星质心运动阶段。行星探测器需要沿过渡轨道运行，才能从一个阶段运行到下一个阶段。

运载火箭升空的过程

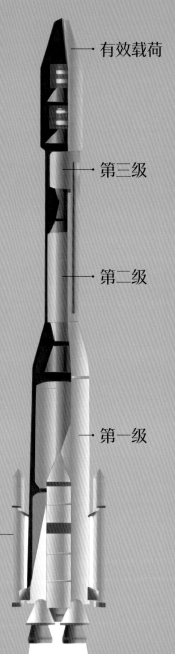

有效载荷

第三级

第二级

第一级

火箭助推器

　　运载火箭点火启动后，助推器和第一级燃料燃烧产生的推力会将运载火箭推至指定高度。之后，助推器和第一级先后与运载火箭主体分离，第二级、第三级相继完成点火、停机、分离、脱落等动作，使运载火箭获得预期飞行速度。与各级壳段分离后的有效载荷主要依靠惯性飞行，最终进入指定轨道。

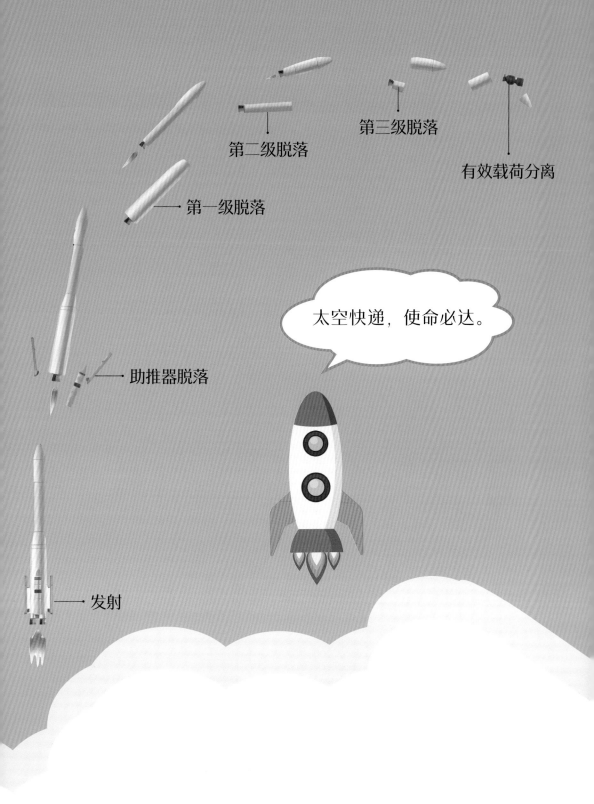

第二级脱落

第三级脱落

有效载荷分离

第一级脱落

助推器脱落

太空快递，使命必达。

发射

02

寻找暗物质

扫码观看在线课程

宇宙中的暗物质

我国的空间天文学虽然起步较晚，但借助载人航天工程、月球与深空探测工程、中国科学院空间科学战略性先导科技专项等项目的推动，在各界的共同努力下，近年来研究水平显著提升。

还记得 2015 年升空的"悟空号"卫星吗？它是我国发射的第一个用于探测暗物质的天文卫星。

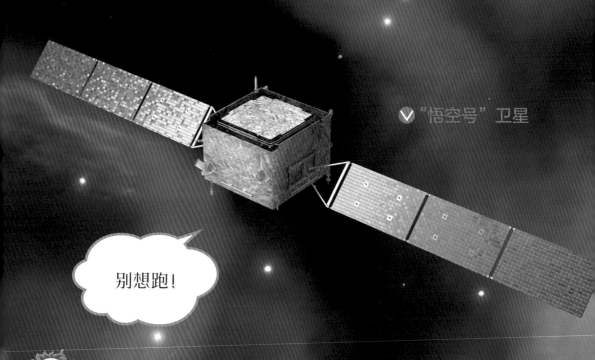

∨"悟空号"卫星

别想跑！

我就是暗物质，
快来找我呀！

　　暗物质不发光也不参与电磁作用，无法用普通的光学手段来直接观测。

　　当暗物质粒子相互碰撞时，会湮灭并产生大量的高能粒子，比如电子、质子等，它们会随着宇宙射线一起来到地球。

　　科学家想到，如果这些粒子能被准确捕捉到，就能找到暗物质存在的蛛丝马迹。

暗物质捕手"悟空号"卫星

2017 年 11 月,科学家利用"悟空号"卫星在轨运行 530 天采集到的 28 亿个高能宇宙射线数据,获得了一条当时世界上最精准的高能电子宇宙射线能谱,对于判断其是否部分来自暗物质起到了关键作用。

火眼金睛的"悟空号"卫星

"悟空号"卫星如何发现暗物质?"悟空号"卫星的探测器像一个个收集高能粒子的"盒子",其中装有高能粒子探测装置。当高能粒子从四面八方射向地球时,"悟空号"卫星就能判断出是何种粒子,并记录其各项参数。

完成全天区扫描 16 次

共探测到 146 亿个高能粒子

"悟空号"卫星发现了什么**?**

多次捕捉到来自超大质量黑洞 CTA 102 的伽马射线辐射。

发布首批伽马光子科学数据，绘出迄今最精确的氦核宇宙射线谱线图。

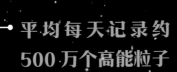

▲ "悟空号"卫星

平均每天记录约 500 万个高能粒子

（截至 2023 年 12 月 17 日）

03

「慧眼」「极目」捕捉宇宙烟花

扫码观看在线课程

想一想

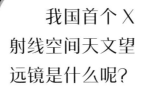

我国首个 X 射线空间天文望远镜是什么呢?

2018 年，"慧眼"卫星交付使用，这是我国首个 X 射线空间天文望远镜。

在轨运行以来，"慧眼"卫星在黑洞、中子星、快速射电暴等领域取得一系列重要成果。

2023 年 3 月，"慧眼"卫星和"极目"空间望远镜精准探测到迄今最亮的伽马射线暴，这是目前国际最高精度的测量。中国科学家对这个千年一遇的天体爆发的研究作出了独特贡献。

04

未来新『星』

扫码观看在线课程

　　我国新一代空间科学卫星——"增强型 X 射线时变与偏振空间天文台"的建设正在稳步推进中。

　　这是由中国科学家发起和主导的重大国际合作空间科学项目。

　　未来，这颗卫星将成为"慧眼"卫星的继任者，综合性能有望达到"慧眼"卫星探测能力的 100 倍以上。

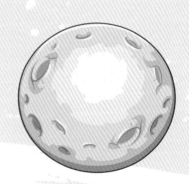

"增强型X射线时变与偏振空间天文台"简介

科学主题：

黑洞和中子星的核心问题

创新点：

- 短焦距掠射聚焦望远镜阵列
- 低能X射线偏振及成像探测能力
- 可伸展大面积准直探测器阵列
- 大视场宽能量范围高能监视器

05

太阳，我们来了

扫码观看在线课程

给太阳"做CT"

我们再来看看具有举足轻重作用的我国探日天文卫星"羲和号"和"夸父一号"。

"羲和号"卫星扫描一次全日面只需 46 秒，就能获得 300 多张照片，相当于给太阳低层大气做了一个"CT 扫描"，这让科学家能够更好地摸清太阳的"脾气"。

"羲和号"卫星

"羲和号"卫星诞生记

2015 年 10 月
科研人员提出思路。

2018 年 5 月
卫星工程综合论证评审顺利通过。

2019 年 6 月
由国家航天局批复立项。

我的小秘密都被发现了。

2021 年 10 月
"羲和号"卫星成功发射。

"羲和号"卫星越看越清晰

2021年10月24日，"羲和号"卫星完成初光观测，光谱分辨率、时间分辨率达到预期。经过一系列在轨调试，2022年8月3日，空间分辨率达到预期，光谱扫描成像质量达到最佳水平。

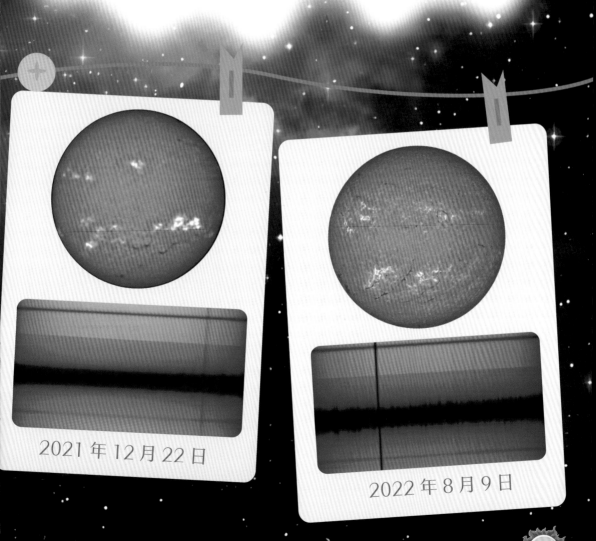

2021年12月22日

2022年8月9日

L_2位于日地连线上靠近地球一侧，"嫦娥二号"曾到达。

L_4位于地球运行轨道前方、与太阳和地球形成等边三角形的位置。

L_1位于太阳和地球中间，"嫦娥五号"曾抵达。

L_3位于日地连线上靠近太阳一侧。

L_5位于地球运行轨道后方、与太阳和地球形成等边三角形的位置。

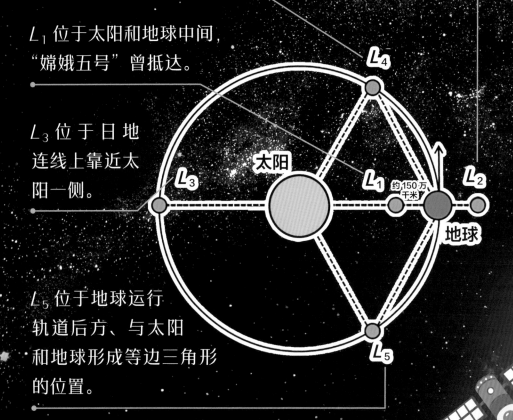

太阳

L_4

L_3

L_1 约150万千米

L_2

地球

L_5

拉格朗日点指当一个航天器同时受到两个天体作用时，会有五个特殊的点。以太阳和地球为例，日地拉格朗日点一共有五个，其中三个位于连接太阳和地球的直线上。

我国初步计划于 2026 年发射"羲和二号"卫星，发射后将探索太阳活动区磁场的起源、演化和研究太阳爆发对地球的影响。

"夸父一号"卫星追太阳

"夸父一号"卫星的主要任务是观测"一磁两暴"，也就是同时观测太阳磁场和太阳上两类剧烈的爆发现象——耀斑和日冕物质抛射。

 "夸父一号"卫星诞生记

2011 年
我国科学家自主提出研制"夸父一号"卫星，即首颗太阳空间探测卫星。

2016 年
"夸父一号"卫星顺利通过背景型号结题验收评审。

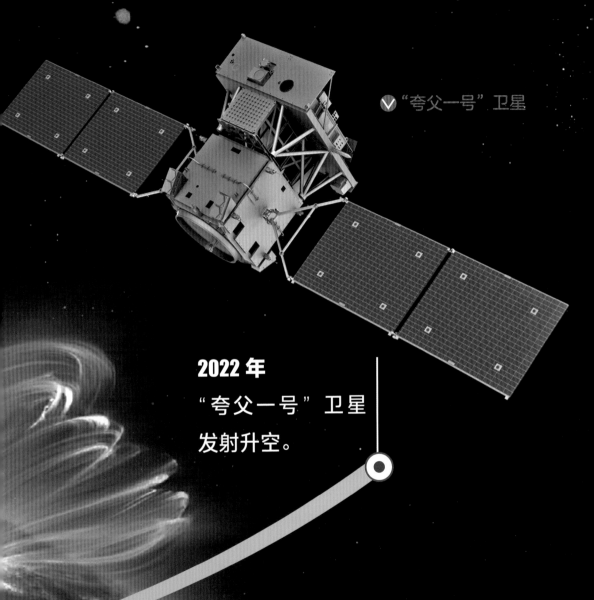

"夸父一号" 卫星

2022 年

"夸父一号" 卫星
发射升空。

2019 年

"夸父一号" 卫星通过方案阶段
研制总结暨初样设计评审。

同时，"夸父一号"卫星还能为空间天气预报提供支持。比如，一旦有日冕物质抛射，"夸父一号"卫星搭载的望远镜就可以马上发现，推算出日冕物质抛射的速度、方向和到达地球的时间，这样就可以提前约 40 个小时作出预报。

我要好好盯着太阳。

▲"夸父一号"卫星

地球上的电力系统、通信系统将能够及时作出防护，避免可能造成的损失。

各式各样的空间太阳探测器

"太阳打个喷嚏，地球就感冒。"太阳的一举一动深刻地影响着地球上生命的生存环境。太阳是距离地球最近的恒星，一直以来，太阳都是人类"追逐"的目标，从肉眼观测到望远镜观测再到卫星探测，人类对太阳的观测和研

太阳和日球层
探测器

太阳过渡区
与日冕探测器

"帕克"太阳
探测器

1995 年

1998 年

2018 年

究不断深入。

　下面我们就来认识一下各式各样的空间太阳探测器吧！

"夸父一号"
卫星

2022 年

"羲和号"
卫星

2021 年

太阳轨道
飞行器

2020 年

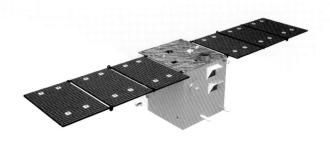

⋀ "羲和号"卫星

06

『飞天巨眼』巡天

扫码观看在线课程

中国空间站巡天空间望远镜预计在不久后发射。

中国空间站巡天空间望远镜像一座移动式空间天文台，可以避开大气干扰展开前沿天文探索，将成为中国探索星辰大海的旗舰级空间天文设施。让我们共同期待吧！

哈勃空间望远镜相机的探测器有手掌般大小，而中国空间站巡天空间望远镜巡天模块的主焦面是由 30 块探测器拼起来的，每一块都比哈勃空间望远镜的探测器大，也具有更多的像素数。运行后，中国空间站巡天空间望远镜将成为太空中最大的"相机"。

想一想

中国空间站巡天空间望远镜可以实现哪些科学研究？

利用中国空间站巡天空间望远镜的星系图像，天文学家可以测绘 170 亿光年范围内的暗物质分布地图。中国空间站巡天空间望远镜的引力透镜分析还可以帮助我们确定宇宙的膨胀历史，进而探索暗能量的性质是否随时间流逝而变化。

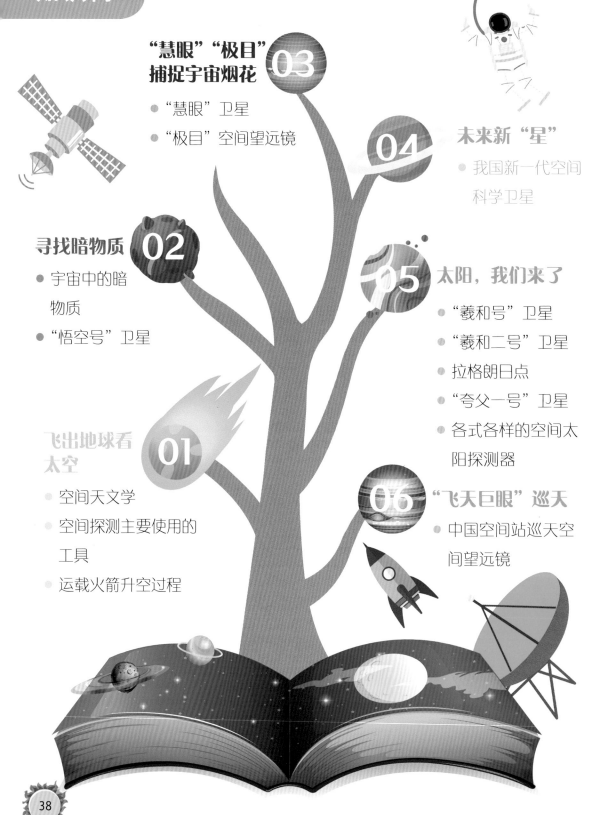

"慧眼""极目" 捕捉宇宙烟花 **03**
- "慧眼"卫星
- "极目"空间望远镜

04 未来新"星"
- 我国新一代空间科学卫星

寻找暗物质 **02**
- 宇宙中的暗物质
- "悟空号"卫星

05 太阳，我们来了
- "羲和号"卫星
- "羲和二号"卫星
- 拉格朗日点
- "夸父一号"卫星
- 各式各样的空间太阳探测器

飞出地球看太空 **01**
- 空间天文学
- 空间探测主要使用的工具
- 运载火箭升空过程

06 "飞天巨眼"巡天
- 中国空间站巡天空间望远镜